Vivre ensemble

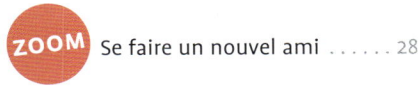 Se faire un nouvel ami 28

Sachez gagner la confiance de votre chat, l'amuser et le nourrir.

Le soigner avec amour

 Des petits pleins d'entrain . . 58

Apprenez à bien vous occuper de votre chat, comment agir en cas de maladie et comment éviter qu'il se reproduise.

Sommaire

Un amour de petit tigre

Les chats occupent une place particulière parmi les animaux domestiques : bien qu'ils cohabitent depuis déjà plusieurs millénaires avec l'homme, ils n'ont pas beaucoup changé et font preuve d'une indépendance toujours aussi étonnante. Il y a encore une grande part d'animal sauvage dans ces pattes de velours. Il n'existe pas de grande différence entre son comportement de chasse et celui de ses cousins sauvages. En même temps, la plupart de ces tigres miniatures sont des compagnons agréables et très câlins, qui savent apprécier l'affection que leur portent leurs maîtres. L'entêtement et le caractère prononcé des chats domestiques ont un charme tout particulier ; chacun d'entre eux possède en effet une forte personnalité.

Accueillir un chat, c'est en effet conquérir un petit carnassier. Nos chats sont bienveillants, mais jamais dociles. Ils ne demandent rien mais exigent beaucoup (ce qu'il y a de meilleur en nous !). Si vous êtes prêt à lui offrir, vous vivrez ensemble de belles et passionnantes années.

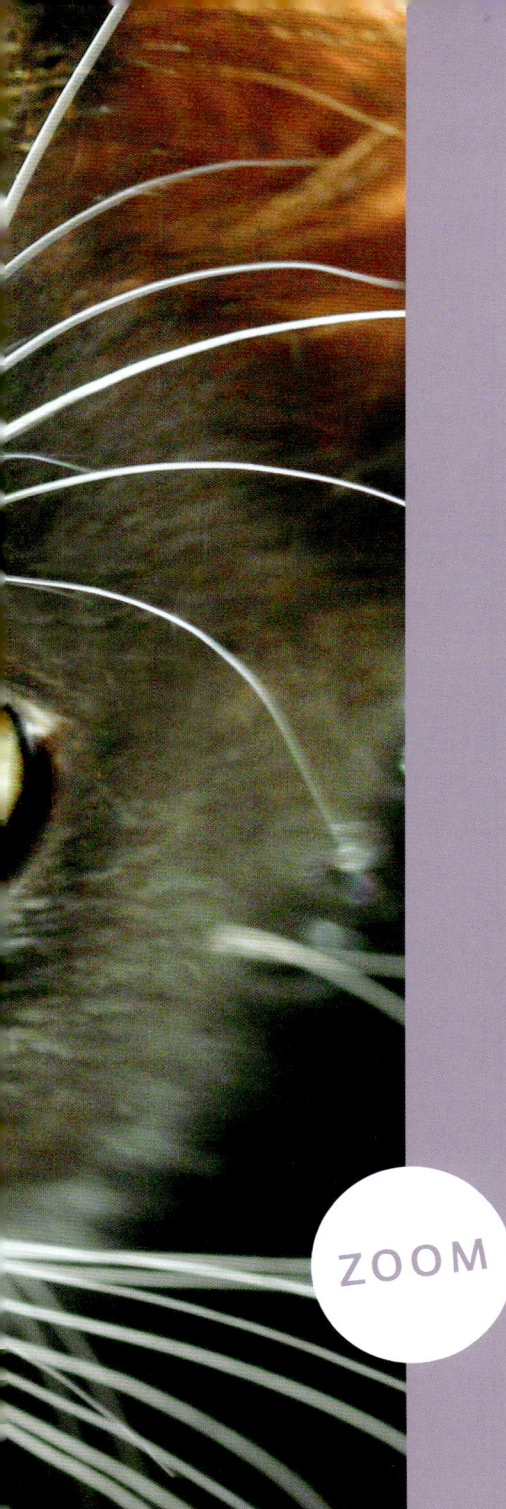

Petit historique

L'origine des chats

Ces petits félidés souples sont entrés dans la vie de l'homme il y a près de 4 000 ans. Depuis, leur histoire a connu bien des rebondissements — ils ont été vénérés, aimés ou haïs — mais ils ont toujours su préserver leur personnalité unique.

Des matous vénérés

Nos chats domestiques descendent du chat sauvage d'Afrique, domestiqué en Égypte il y a des milliers d'années. Les chats sauvages recherchaient la compagnie de l'homme. En effet, les céréales que ce dernier cultivait et entreposait dans de grands greniers attiraient de nombreux rats et souris, véritable manne pour ces chasseurs hors pair. C'est ainsi que les chats se sont pour ainsi dire domestiqués eux-mêmes.

▶ L'homme, lui, a tellement apprécié les services rendus par ce nouveau compagnon qu'il a élevé le chat au rang de divinité. Les Égyptiens ont nommé cette divinité très honorée Bastet. Il était interdit de tuer un chat, sous peine de mort. Des milliers de chats momifiés offerts en sacrifice au cours de cérémonies ont été retrouvés dans les tombeaux et les temples.

L'arrivée en Europe

À l'époque, les Égyptiens n'avaient pas le droit de sortir les chats, considérés comme sacrés, hors du pays, sous peine de sanctions.

▶ Les Phéniciens ont vraisemblablement été les premiers à faire passer clandestinement des chats sur leurs navires. Ils les vendaient ensuite à prix d'or aux nobles et aux riches marchands des pays méditerranéens.

▶ Les chats sont devenus dès lors un symbole de réussite sociale et étaient très bien soignés par leurs maîtres.

▶ Grâce aux Romains, les chats se sont répandus dans toute l'Europe. Ils ont alors pu mettre à profit leur exceptionnel talent de chasseurs de rats et de souris et étaient très appréciés de leurs maîtres.

▶ Cette époque dorée s'est poursuivie jusqu'au Moyen-Âge, où les chats ont acquis la réputation d'animaux malfaisants et diaboliques et ont été persécutés. Depuis toujours, les chats passent pour des animaux mystérieux et impénétrables.

Depuis toujours, les chats passent pour des animaux mystérieux.

Carte d'identité du chat

Le chat sauvage (*Felis silvestris,* p. 10) appartient à la classe des mammifères, ordre des carnivores *(Carnivora)*, famille des félins ou félidés *(Felidae)*. Les guépards, qui se distinguent en de nombreux points des autres félins, ont leur propre sous-famille *(Acinonychinae)*. Outre les *Acinonychinae*, la famille des félidés compte deux autres sous-familles : les panthérinés *(Pantherinae)*, qui regroupent les grands félins tels que le léopard, le jaguar,

Ce chat ressemble à s'y méprendre à ses cousins sauvages.

le tigre et le lion, et les félinés *(Felinae)*, qui rassemblent les petits félins, dont les chats sauvages, le lynx, le serval et d'autres espèces.
▸ Les chats sauvages sont largement répandus. On en rencontre de nombreuses sous-espèces en Afrique, en Europe et en Asie occidentale. Leur habitat est très varié : steppe, steppe désertique, bush, forêts de feuillus, forêts mixtes, plus rarement forêts de conifères. Leur survie est mena-cée par la destruction de leur habitat, la chasse et les croisements avec le chat domestique. Ainsi, « nos » chats sauvages sont également des animaux protégés.
▸ Heureusement, un nombre croissant de pays s'engage à préserver leur avenir, à favoriser leur reproduction ou à les réintroduire. Dans certains parcs naturels européens, les chats sauvages ont trouvé un habitat naturel et parviennent à se reproduire.

Origine

Des capacités fascinantes

Les chats sont des prédateurs par nature, qui chassent de petits animaux. Ils possèdent une morphologie et des capacités parfaitement adaptées à ce mode de vie. Ces excellents chasseurs s'approchent sans bruit de leurs victimes potentielles ou les guettent patiemment.

Un petit minet qui possède tous les attributs d'un grand carnassier.

Les sens du chat

Les sens les plus développés du chat sont la vue et l'ouïe, bien que le toucher joue également un rôle important pendant la nuit et lors de la la chasse.

▶ La vue. Les pupilles du chat rétrécissent sous l'effet de la lumière, jusqu'à prendre la forme de deux petites fentes verticales. Lorsqu'il fait sombre, elles sont grandes et rondes. Lorsqu'un rayon lumineux vient frapper les yeux du chat, ceux-ci semblent briller. Ce phénomène est dû à une couche réfléchissante située derrière la rétine, le *tapetum lucidum*. Ainsi, le chat peut utiliser de manière optimale le moindre rayon lumineux. Sa vision nocturne est bien meilleure que la nôtre, mais comme nous, il ne voit plus rien en cas d'obscurité totale. Les couleurs ne jouent pas un rôle très important dans la vie du chat, mais notre matou parvient toutefois à faire la différence entre le rouge et le vert, ou le jaune et le bleu, par exemple.

▶ L'ouïe du chat est extrêmement développée. Il peut percevoir des sons très aigus (ultrasons) et très graves. La musique et les sons forts sont donc un véritable calvaire pour lui ! Ses pavillons mobiles lui permettent de localiser très précisément l'origine d'un son.

▶ Le toucher. Les longues moustaches mobiles (vibrisses) du chat sont des capteurs très sensibles qui perçoivent les courants d'air et l'aident à s'orienter dans le noir. Elles lui permettent par exemple de déterminer si un trou est suffisamment large pour s'y faufiler, ou à quel endroit donner le coup fatal à une souris. Outre la lèvre supérieure, le chat possède également des vibrisses sur les joues, au-dessus des yeux, sur le menton et sur les pattes antérieures.

▶ L'odorat du chat est supérieur au nôtre. Il possède des glandes sur le menton, les lèvres et le front à l'aide desquelles il nous « marque » à notre insu en se frottant à nous. L'odorat joue un rôle extrêmement important dans la communication des chats ; leurs sécrétions et leur urine servent à marquer leur territoire.

![Les obstacles sont franchis tout en puissance et en souplesse.](image)

*Les obstacles **sont franchis tout en puissance et en souplesse.***

La morphologie du chat

Son corps souple permet au chat une grande variété de mouvements : il peut sauter à plus d'un mètre de hauteur, tenir en équilibre sur des branches étroites ou se mettre en boule pour dormir. Ses griffes pointues, qu'il rentre lorsqu'il se déplace, lui servent à chasser et à escalader. Un chat ne perd l'équilibre et ne tombe que très rarement — et même lorsque cela lui arrive, il retombe toujours sur ses pattes lorsque la hauteur de chute est suffisante, car il parvient à se retourner en quelques fractions de secondes. En tant que carnivore, le chat possède une dentition caractéristique : ses canines ou crocs en forme de poignards lui servent à capturer et à tuer ses proies, ses molaires pointues — les plus grosses portent le nom de carnassières — servent à broyer la nourriture.

À SAVOIR

Une affaire de goût

Le goût ne joue pas un rôle aussi important chez les carnassiers que chez les herbivores.

Les chats font aussi bien la différence que l'homme entre l'acide, le salé et le sucré.

L'odorat joue un rôle aussi important que le goût dans le choix de l'alimentation.

La plupart des chats développent des préférences alimentaires d'autant plus rapidement que leur régime alimentaire n'est pas varié.

Capacités

Le caractère du chat

Les chats sauvages sont des solitaires qui marquent leur territoire avec leur odeur et des griffures sur les troncs d'arbre, et le défendent contre leurs congénères, surtout lorsqu'ils sont du même sexe. La femelle ne tolère un mâle sur son territoire qu'en période de reproduction. Elle élève seule ses petits, qu'elle met au monde dans un endroit abrité. Au bout de quelques mois, lorsqu'ils sont en âge de se nourrir seuls, elle les chasse de son territoire. Nos chats domestiques partagent de nombreux points communs avec leurs cousins sauvages, même si la domestication les en a éloignés sur certains aspects.

Un individualiste à la forte personnalité

Les chats sont des animaux indépendants qui ne vivent toutefois plus dans la solitude absolue que connaissent leurs cousins sauvages (page 20). Contrairement aux chiens, ils n'ont pas le besoin impératif d'avoir un compagnon (humain ou congénère) présent en permanence à leurs côtés. Si les circons-tances l'imposent, ils peuvent parfaitement s'en sortir seuls. Toutefois, s'il y a un animal dont on ne peut décrire le caractère en deux mots, c'est bien le chat car chacun est unique et surprenant.

Une double vie

Impossible d'enfermer les chats dans un stéréotype, ils présentent des caractères bien trop variés.
▸ Les chats vivant en liberté illustrent parfaitement ce principe. Auprès de leur maître, ce sont de petits amours, qui ont souvent gardé une part du chaton qui est en eux — et ont besoin de soins attentionnés, ou c'est tout du moins l'apparence qu'ils donnent.

Dès que minou veut quelque chose, il miaule comme un bébé. C'est sa façon de demander à sa mère de substitution de satisfaire ses besoins ou ses caprices.
▸ Une fois dehors, en revanche, le chat dévoile son côté sauvage. En franchissant sa chatière, il se transforme en prédateur qui poursuit ses proies avec souplesse et effi-cacité et les tue d'un coup de dents bien placé. La plupart de nos chats organisent des sortes de « conspirations » avec leurs congénères. Ils se retrouvent à l'occasion de mystérieuses réunions nocturnes, contrôlent un terri-toire plus ou moins étendu et se livrent à de bruyants jeux amoureux afin de perpétuer leur espèce (p. 56).

Une toilette de chat

Les chats sont des animaux très propres qui consacrent chaque jour beaucoup de temps à leur toilette.

Un pelage intact permet de maintenir la température corporelle constante. Il emprisonne l'air qui forme alors une couche isolante.

L'entretien du pelage contribue au confort et au bien-être du chat. Le fait de lécher ses congénères ou compagnons humains est un moyen de renforcer le sentiment de camaraderie.

Une ronde quotidienne : le chat fait chaque jour le tour de son territoire, qu'il couvre plusieurs kilomètres ou se limite à deux pièces.

Amitiés félines

Les chats sont des opportunistes, ils saisissent toutes les occasions qui s'offrent à eux et manifestent clairement leur mauvaise humeur (p. 30).

▸ Ils se laissent éduquer dans une certaine mesure, mais personne ne peut les dresser. Ils considèrent l'homme comme un compagnon, une mère de substitution ou tout simplement un « ouvre-boîtes ».

▸ Le nombre et la proximité des contacts entre un chat et son maître dépendent naturellement du caractère de chaque animal, outre les caractéristiques de sa race. L'expérience que le chat a eue avec l'homme au début de sa vie, pendant sa croissance et pendant sa vie adulte, joue également un rôle important.

▸ Des liens étroits ne sont pas exclus et lorsqu'une personne, un congénère ou un chien a conquis le cœur du chat, ce dernier ressentira un manque pendant son absence.

À SAVOIR

Un animal flegmatique

Le chat passe la plus grande partie de la journée à dormir et à somnoler. **En moyenne,** le chat se repose 16 heures par jour. **Puis il consacre** toute son énergie à la chasse – à l'extérieur lorsqu'il a la possibilité de sortir, ou par des jeux à l'intérieur. **Ces petits tigres** dorment parfois d'un œil ; ils réagissent alors au moindre bruit inhabituel.

Caractère

Des races très variées

Les chats de race se distinguent par leur apparence, mais également par leur comportement.

Comme chez les autres animaux domestiques, différents couleurs et types de pelage sont apparus chez le chat au fil du temps par le biais des mutations. Toutefois, l'élevage systématique des différentes races n'a débuté qu'il y a environ 200 ans. Les chats domestiques « classiques » ont le poil court et peuvent être de différentes couleurs. En revanche, les chats de race doivent répondre à un standard. Ainsi, ils doivent posséder des caractéristiques particulières (longueur du poil, couleur de la robe, forme de la tête et de chaque partie du corps), définies pour chaque race par les commissions internationales des associations félines. Les meilleurs représentants de chaque race sont récompensés à l'occasion d'expositions organisées par les associations d'éleveurs. On distingue les chats en fonction de leur type de poil : long, mi-long et court, ainsi que les rex à poil ondulé ; en outre, il existe différentes couleurs de robe, dont certaines constituent même une race. Voici le portrait de quelques races de chats parmi les plus appréciées.

L'Européen à poil court

Chat à poil court

Ce n'est pas par hasard si l'Européen à poil court ressemble à nos chats de gouttière – cette race est en effet issue des chats « de terroir » d'Europe centrale.

▶ Apparence et historique : l'élevage ciblé du chat de gouttière conformément à un standard a débuté seulement après la Seconde Guerre mondiale. L'Européen à poil court est un chat moyen à grand, robuste et souple. Son pelage est court et épais. Toutes les couleurs sont admises, à l'exception des robes Colourpoint (type Siamois). Le croisement avec les autres races est interdit !
▶ Caractère : l'Européen possède les mêmes traits de caractère que le chat de gouttière classique. Il est robuste et aime la liberté, est un excellent chasseur, mais est également affectueux et aime les enfants — c'est le chat idéal pour toute la famille.
▶ Signe particulier : le croisement avec le Persan a fait évoluer son type. Depuis 1982, les lignées croisées avec le Persan sont appelés « British Shorthair ».

Le Persan

La race persane est certainement l'une des
plus connues. Une variante originaire des
États-Unis, dénommée « peke face » (face
de Pékinois), possède une face extrêmement
plate.

▶ Apparence et historique: le chat Persan est
issu du croisement du chat à poil long de
Perse et du chat angora turc, introduits en
Italie au xviie siècle. À partir du xixe siècle,
un élevage ciblé a permis de donner naissance à un chat de taille moyenne à grande,
à la tête ronde et à la fourrure épaisse et
soyeuse. Il existe aujourd'hui une grande
diversité de couleurs.

▶ Caractère: les Persans sont des chats
calmes, équilibrés, modérément épris de
liberté. Ils se montrent très tendres et affectueux envers la personne qui les soigne.
Du fait de leur caractère paisible, ils s'entendent à merveille avec leurs congénères et
avec les chiens. Leur miaulement est doux
et agréable.

▶ Signe particulier: sans un brossage quotidien, leur fourrure s'emmêle rapidement!
Un bain est nécessaire à l'occasion pour enle-
ver les résidus gras et les squames.

L'Himalayen

Ce chat à poil long, dont la robe rappelle celle
du Siamois, a porté pendant un temps le
nom de « khmer » en Allemagne et a pris
plus tard le nom de « Persan Colourpoint ».
Aux États-Unis, il porte le nom d'Himalayen
(himalayan).

▶ Apparence et historique: l'Himalayen est le
fruit d'une expérience génétique visant à obtenir une fourrure particulière: dans les années
20, les scientifiques ont commencé à croiser
des Siamois et des Persans. Une race possédant les longs poils du Persan et la robe
Colourpoint (masque et extrémités des
membres plus foncés) caractéristique du Siamois a finalement été créée par le biais de
rétrocroisements et d'un élevage systématique.

▶ Caractère: c'est un chat affectueux et
calme, qui se sent à son aise même dans une
petite habitation. C'est un compagnon idéal.
Son lien de parenté avec le Siamois ressort
dans son caractère plus vif et joueur que
celui du Persan.

▶ Signe particulier: son sous-poil est plus fin
que celui du Persan, mais également plus
facile à entretenir. Le brossage quotidien n'est
donc pas nécessaire!

Races

L'Exotic Shorthair

L'Exotic Shorthair est un chat d'intérieur idéal. De taille moyenne à grande, il allie la morphologie équilibrée du Persan à la facilité d'entretien d'un chat à poil court.

▶ Apparence et historique: l'Exotic Shorthair est né dans les années 60 aux États-Unis d'un croisement entre l'American Shorthair et le persan. Pour conserver le type – trapu, avec une tête ronde sur un petit cou, des pattes courtes et robustes et une fourrure pelucheuse – de nouveaux croisements avec le Persan ont été effectués. Les couleurs sont les mêmes que pour le Persan.

▶ Caractère: si cette race présente de nombreux points communs avec ses cousins Persans, elle possède un tout petit peu plus de tempérament. L'Exotic Shorthair est un compagnon idéal; il est affectueux, câlin et joueur. Il se sent tout aussi à son aise dans les petites habitations.

▶ Signe particulier: les portées comptent parfois des chatons à poil long. Les poils longs apparaissent uniquement lorsque les deux parents sont porteurs du gène, qui est récessif.

Le Maine Coon

Il doit son nom à sa queue touffue, qui évoque celle du raton laveur (en anglais, *racoon*). Il est le chat national de l'État du Maine (États-Unis), dont il est originaire.

▶ Apparence et historique: ce grand chat robuste (les mâles pèsent jusqu'à 10 kg, les femelles jusqu'à 6) a su s'accommoder à la rudesse du climat du nord des États-Unis. Sa fourrure hydrophobe dotée d'un sous-poil épais lui offre une protection idéale contre les intempéries. Sa collerette épaisse et ses oreilles surmontées de plumeaux *(lynx tips)* sont caractéristiques.

▶ Caractère: le Maine Coon est un chat amical et sociable. Il est très vif et reste joueur jusqu'à un âge très avancé. Doux et patient, c'est un compagnon de jeu idéal pour les enfants. Il est assez « bavard », mais son miaulement est étonnamment doux. Il aime sortir par tous les temps.

▶ Signe particulier: c'est le chat idéal pour toute la famille. Malgré sa longueur, sa fourrure s'entretient bien et il n'est pas difficile du point de vue de l'alimentation. Il s'entend plutôt bien avec les chiens comme avec les autres chats.

Le Siamois

Le Siamois est l'une des races les plus
anciennes et les plus connues au monde.
Dès le xive siècle, c'était un chat apprécié
des classes supérieures en Thaïlande,
qui s'appelait à l'époque le Siam.
▸ Apparence et historique : ces chats sveltes
aux yeux bleus ont été introduits en Europe
au xixe siècle, et l'élevage n'a pas tardé à
suivre. Son « masque » caractéristique est
dû à une mutation génétique : les poils sont
foncés au niveau des zones les plus froides
du corps – face, oreilles, queue et pattes.
À la naissance en revanche, les Siamois
sont entièrement blancs !
▸ Caractère : les Siamois sont extravertis et
affectueux, ils aiment le contact physique
avec leur compagnon humain. Lorsqu'ils veulent jouer ou être caressés, ils attirent l'attention de leur maître par un miaulement assez
fort – rares sont les chats aussi « bavards ».
▸ Signe particulier : lorsque plusieurs Siamois
cohabitent, il se noue entre eux des relations
étroites. On les voit alors se toiletter mutuellement, jouer ensemble et dormir les uns
contre les autres.

Le Chartreux

Dans le langage courant, on nomme souvent
« Chartreux » le British Shorthair bleu.
Ce sont pourtant deux races bien distinctes.
▸ Apparence et historique : les origines du
Chartreux remontent au Moyen-Âge, en
France. Le « chat des Chartreux » est men-
tionné pour la première fois au xviiie siècle.
Le premier standard a été défini en 1935.
Ce chat se caractérise par sa fourrure aux
reflets bleutés et ses yeux jaune foncé à
cuivrés. Les mâles sont plus gros que les
femelles et leurs joues plus pleines.
▸ Caractère : le chartreux possède un caractère
calme et tranquille, qui en fait un compagnon agréable. Lorsqu'il a la possibilité de
sortir, il s'avère être un chasseur de souris
hors pair. Du fait de sa fourrure épaisse,
il a plus de mal à supporter la chaleur
que la neige et le froid.
▸ Signe particulier : le Chartreux ressemble
énormément au British Shorthair bleu. Toutefois, le Chartreux possède une silhouette
plus gracile et les reflets de sa fourrure tirent
davantage sur le bleu-argent.

Les questions à se poser

L'arrivée d'un animal domestique bouleverse plus ou moins la vie de ses maîtres. Ils se retrouvent soudain face à une responsabilité quotidienne et doivent répondre aux besoins de leur petit compagnon. Alimentation, aménagement d'un environnement adapté, activités... mais cela ne s'arrête pas là. Le chat exige d'avoir son « ouvre-boîtes », qu'il va accaparer plus ou moins en fonction de son caractère. Discutez de votre projet d'adoption en famille, afin de déterminer si un chat convient vraiment à votre mode de vie.

Une fine équipe ?

Si vous pouvez répondre par l'affirmative aux questions suivantes, c'est que vous êtes prêt à accueillir un petit félin.

▸ **Disposez-vous du temps nécessaire ?** Êtes-vous en mesure de consacrer chaque jour du temps à votre chat et à jouer avec lui ?

▸ **Une personne de confiance** parmi vos amis ou votre famille peut-elle s'occuper de votre chat pendant vos vacances ? La majorité des minous ont du mal à supporter les séjours en pension.

▸ **Avez-vous les moyens** de payer les frais de vétérinaire, notamment si ces derniers représentent plusieurs fois la valeur d'achat de votre animal ?

▸ **Avez-vous de la place** pour installer une litière, et êtes-vous prêt à la nettoyer quotidiennement ?

▸ **Êtes-vous sûr** qu'aucun membre de votre famille ne souffre d'allergies aux poils d'animaux ?

Les chats ont la tête dure et savent ce qu'ils veulent.

Le prix à payer **pour ce spectacle attendrissant... quelques poils sur les meubles.**

Les chats
et les enfants

Les chats, qui restent souvent joueurs jusqu'à un âge très avancé, sont des compagnons idéaux pour les enfants. Ils se montrent très tolérants envers leurs camarades de jeu, mais si l'enfant se montre trop rude ou que le jeu dure trop longtemps, l'animal s'enfuira ou se défendra. Votre enfant apprendra ainsi à être à l'écoute d'un autre être vivant et à respecter son autonomie. Les chats apportent ainsi une contribution précieuse à l'éducation des enfants ! L'enfant se fera parfois griffer en chahutant avec le chat – mais il guérira vite, et cela n'altérera en rien leur amitié. Les enfants plus âgés peuvent contribuer aux soins du chat et apprendre à être responsables d'un animal, tout en s'amusant.

> **À SAVOIR**
> **Si vous vivez en location**
> **Le bail** ne peut contenir de clause vous interdisant de posséder un animal familier. Toute clause de ce type est nulle.
> **Mais vous serez responsable** des éventuelles nuisances causées par votre animal.

Questions

Où trouver son chat ?

Plusieurs possibilités s'offrent à vous si vous souhaitez adopter un chat. Selon que vous choisissez un chat de race ou un chat de gouttière « classique », vous n'irez pas forcément au même endroit.

Le chat de vos rêves vous attend certainement dans un refuge.

En animalerie

La première possibilité est d'acheter votre chat en animalerie. Mais vous n'y trouverez pas forcément un animal d'une race précise.

Chez un éleveur

Si vous souhaitez acquérir un chat de race, adressez-vous directement à un éleveur sérieux (vous pourrez obtenir des adresses auprès des associations félines). Vous serez sûr d'avoir un animal en bonne santé, qui a reçu tous les vaccins et les traitements vermifuges nécessaires. Vérifiez toutefois soigneusement les conditions d'élevage et les soins apportés à l'animal.

▸ **Chez les chats à poil long,** l'état de la fourrure en dit long sur l'implication de l'éleveur. Une fourrure soignée, sans nœuds ni parasites est un gage de sérieux.

▸ **Les conditions d'hébergement** des animaux sont essentielles : ont-ils suffisamment de place ? Vivent-ils avec l'éleveur ou dans un environnement intéressant avec beaucoup de contacts humains ? Les chatons viennent-ils vers vous sans crainte pour jouer ?

▸ **Regardez tous les animaux présents :** s'ils végètent dans de petites cages, ne vous laissez pas attendrir et n'achetez surtout pas d'animal pour ne pas encourager cet éleveur à poursuivre ses activités ! Un éleveur sérieux s'efforcera toujours de donner le meilleur départ dans la vie possible à ses chatons, et posera éventuellement des questions sur leur futur lieu de vie.

Chez un particulier

La plupart du temps, les chats se reproduisent de manière presque incontrôlée à la campagne, et on trouve souvent des chatons à donner dans les exploitations agricoles. Bien évidemment il s'agit rarement de chats de race, et les chatons sont donc donnés. Vous pouvez également consulter les petites annonces dans les journaux, vous y trouverez des annonces concernant des chats de toute race et de tout âge que leurs propriétaires donnent ou vendent pour diverses raisons.

Difficile de ne pas craquer devant ces grands yeux vifs. Gardez votre esprit critique !

Dans un refuge

Vous trouverez dans les
refuges des chats de toutes
les couleurs et de toutes
les tailles, jeunes ou vieux,
mâles ou femelles, à
adopter. La plupart de
ces malheureux attendent
depuis longtemps qu'une
famille veuille bien les
accueillir.
Ils sont vaccinés contre les
maladies courantes et sont
stérilisés dès qu'ils ont l'âge
requis. Il arrive souvent que
deux chats vivant ensemble
dans le même enclos devien-

nent bons amis ; ainsi,
il n'est pas nécessaire de
les habituer l'un à l'autre.
Le personnel du refuge
pourra vous donner

davantage d'informations
sur les animaux et vous
présenter les petites particularités de chacun.

À SAVOIR

Prendre ses responsabilités

Tout chat non stérilisé va se reproduire de manière incontrôlée et accroître la population de chats malheureux.
Adoptez un chaton dont la mère n'est pas encore stérilisée
et vit en liberté. Vous pouvez proposer au propriétaire de
prendre à votre charge les frais de stérilisation de la mère plutôt que de verser le prix d'achat du chaton.
Ainsi, vous empêcherez que d'autres chatons non désirés
viennent au monde : en effet, tous ne trouvent pas un foyer
accueillant.

Trouver son chat

Bien choisir son compagnon

Votre chat va partager votre vie durant de nombreuses années. Vous devez donc bien réfléchir au type de chat qui vous conviendra le mieux à vous ainsi qu'à vos colocataires à deux ou quatre pattes.

Deux, c'est encore mieux !

Les ancêtres sauvages de nos chats domestiques étaient solitaires. Toutefois, la domestication les a rendus un peu plus « sociables » : aujourd'hui, les chats adultes se montrent plus tolérants envers leurs congénères, et recherchent parfois même leur compagnie. Il y a de nombreux avantages à posséder deux chats : leur entretien ne donne pas vraiment plus de travail que celui d'un chat seul et on peut les laisser toute la journée sans culpabiliser, car ils peuvent jouer ensemble. Ainsi, ils ne s'ennuient pas et font donc moins de bêtises. Ils se toilettent mutuellement, se lèchent les oreilles et dorment souvent blottis l'un contre l'autre. Des problèmes peuvent se poser si l'on adopte un deuxième chat plus tard, car le premier risque de mal réagir à cette intrusion sur son territoire (page 34).

Quel sexe ?

Le sexe d'un chat n'a pas vraiment d'influence sur son caractère : un mâle peut être tout aussi querelleur, câlin, renfrogné ou affectueux qu'une femelle. Les mâles ont l'air plus imposant et sont souvent plus gros que les femelles, mais là aussi il existe des différences considérables entre les animaux.

▸ **Les chats non castrés** sont les seuls à avoir un comportement vraiment différent : ils marquent leur territoire avec leur urine. Lorsqu'ils vivent en liberté, ils se battent souvent et il n'est pas rare de les voir revenir avec des blessures. Ils vagabondent davantage et s'éloignent souvent beaucoup de leur domicile pour trouver une femelle.

▸ **Les chattes** sont en chaleur plusieurs fois par an. Pendant ces périodes, elles se montrent agitées, miaulent beaucoup et peuvent éventuellement marquer leur territoire.

Une question d'âge

Les chatons doivent être âgés de 8 à 12 semaines au minimum avant d'être séparés de leur mère, afin de pouvoir se socialiser norma-

---

Deux chats

Toutes les combinaisons de sexe sont possibles. Leur bonne entente dépendra de leur caractère.

Les chats issus d'une même portée ou élevés ensemble dès leur plus jeune âge s'entendront bien.

Si l'on souhaite un couple, il convient de faire castrer le mâle en temps voulu (page 57) afin d'éviter des portées non désirées !

Amitiés fraternelles : deux chatons ne s'ennuieront jamais ; ils peuvent découvrir le monde, dormir et jouer ensemble.

lement. À cet âge, les petits chats sont irrésistibles, mais vous devez savoir qu'un être aussi jeune a besoin d'énormément d'attention et donne plus de travail qu'un chat adulte (par exemple, il doit être nourri plus souvent). C'est pourquoi vous pouvez envisager d'adopter un chat déjà adulte ou deux chats plus âgés habitués l'un à l'autre. Les chats adultes peuvent également vous apporter beaucoup de joie et on peut savoir avant même leur adoption si leur caractère correspond à nos attentes.

En règle générale, les chats ont une espérance de vie comprise entre 15 et 18 ans. On peut donc vivre encore de nombreuses belles années avec un animal âgé de 10 ans. Pour celui qui n'a jamais possédé de chat, il peut être judicieux d'acquérir de l'expérience avec un animal à la personnalité déjà formée.

À SAVOIR

Chat de race ou pas ?

Les chats de race, surtout lorsqu'ils ont un pedigree, sont plus chers que les chats de gouttière, mais cela n'en fait pas pour autant de meilleurs compagnons.

Les chats à poil long nécessitent un entretien régulier de leur fourrure. Même avec un brossage quotidien, ils perdent plus de poils que les chats à poil court.

Si une race vous plaît, demandez-vous si ses particularités vous conviennent vraiment.

Choisir son chat

Faire le bon choix

Accueillir un chat est une décision lourde de conséquences. Laissez-vous suffisamment de temps. Il vaut la peine d'observer les candidats à l'adoption manger, jouer ou se câliner : chaque chat possède en effet ses propres particularités.

Les informations que vous obtiendrez et les services dont vous bénéficierez lors de l'adoption de votre chat ne seront bien évidemment pas les mêmes si vous choisissez un chaton né dans une grange ou de race — le prix non plus d'ailleurs. Le chaton né chez un agriculteur ne coûte rien, mais il peut devenir le meilleur des compagnons. Toutefois, il ne faut pas s'attendre à ce qu'il soit vacciné et vermifugé, ni à recevoir d'informations détaillées. Dans tous les autres cas, le vendeur doit vous remettre le carnet de vaccination et éventuellement son pedigree. Vérifiez également le sexe du chat : les femelles possèdent une vulve oblongue située près de l'orifice anal. Chez les mâles, l'écart est plus important et l'orifice sexuel est plutôt arrondi. Avant la castration, les testicules sont visibles.

1 ◄ **Caractère** Insistez auprès de l'éleveur pour pouvoir observer la mère des chatons. Si la chatte se montre très craintive envers l'homme, ses chatons n'auront pas non plus confiance et il leur faudra du temps pour s'habituer à vous. Vous devez également choisir un chat qui vous convienne du point de vue du caractère. Un « petit diable » aura souvent besoin de jouer davantage qu'un matou calme et peut-être un peu plus âgé.

▸Santé Les chats en bonne santé ont une fourrure épaisse et brillante, des yeux vifs, s'intéressent à leur environnement et à leurs compagnons humains (à moins qu'ils n'aient eu une mauvaise expérience avec ces derniers). Ils possèdent une bonne coordination et un excellent appétit. Voici quelques signes qui peuvent laisser soupçonner une maladie : un nez qui coule, des paupières collées, une inflammation des oreilles, des plaques de peau sans poils ou un orifice anal souillé d'excréments. Même si un seul chat de la maisonnée semble malade, adressez-vous à un autre éleveur : les autres chats pourraient très bien être aussi contaminés.

◂ Apparence La couleur de votre chat est une simple affaire de goût. Sa fourrure peut être rayée de gris ou de roux, blanche ou noire. Toutes les combinaisons sont possibles. Sachez toutefois que les chats écaille de tortue ou tricolores sont toujours des femelles ! Les chats blancs sont souvent sourds. Il s'agit d'une tare héréditaire ; prenez donc bien soin de vérifier leur audition. Au final, fondez-vous plutôt sur le caractère du chat plutôt que sur son apparence pour faire votre choix.

Le bon choix

Vivre ensemble

Tout pour mon matou

La plupart des habitations n'ont pas besoin de subir de grandes transformations pour qu'un chat s'y sente bien. Quelques accessoires vous permettront de créer un environnement idéal pour votre matou. Privilégiez la qualité parmi les nombreux articles disponibles en animalerie.

Un peu de shopping

Voici quelques accessoires que vous pouvez ajouter sur la liste des courses pour votre nouveau compagnon :
▶ **Les écuelles en céramique vernie** conviennent parfaitement, elles sont stables et faciles à nettoyer.
Les grandes écuelles en plastique dotées d'un socle antidérapant en caoutchouc sont également très pratiques. Vous avez besoin de trois écuelles au minimum : une pour les aliments frais, une pour les aliments secs et une pour l'eau.
▶ **Les bacs à litière en plastique** ont fait leurs preuves. Ils doivent mesurer idéalement 30 x 40 ou 40 x 50 cm. Une hauteur de 10 à 15 cm et un rebord incurvé amovible sont préférables, pour éviter que la litière se répande à l'extérieur lorsque le chat gratte. Pour les chatons, le bac doit toutefois être moins haut. Une « maison de toilette » avec un couvercle amovible est particulièrement adaptée aux animaux qui urinent debout ou qui grattent énergiquement la litière. Toutefois, elle peut s'avérer inconfortable pour les gros chats !
▶ **La litière** doit absorber les odeurs, ne pas contenir d'amiante et ne pas dégager de poussière. Les litières agglomérantes, comme leur nom l'indique, agglomèrent les déjections, formant des

L'herbe à chat permet de préserver vos plantes.

boules faciles à nettoyer. Elles sont plus chères à l'achat, mais économiques à l'usage.

▶ La cage de transport est un accessoire indispensable, car même un animal en bonne santé doit consulter régulièrement un vétérinaire. Une cage en plastique est idéale : elle est stable, facile à transporter et retient le vomi ou l'urine. La partie supérieure doit être amovible — ainsi, le vétérinaire peut traiter le chat directement dans la cage. La fixation et la serrure de la porte doivent également résister aux assauts d'un chat

Les chats aiment se réfugier dans leur endroit de prédilection.

vigoureux ! Les paniers en osier sont également appréciés des chats pour dormir. Par contre, on aura du mal à y faire entrer ou à en faire sortir un chat récalcitrant, qui va planter ses griffes dans les entrelacements ! Il en va de même avec les cages métalliques, qui n'offrent ni protection contre les intempéries ni sécurité.

▶ Un arbre à chat ou un griffoir garni de sisal ou de morceaux de moquette permet au chat de faire ses griffes. Outre les modèles simples, il existe dans le commerce des arbres à chat à plusieurs niveaux avec des niches et des plateformes intégrées. L'arbre à chat doit être stable ! Pour des raisons de sécurité, vous pouvez le fixer au mur avec des crochets. Vous pouvez

également fabriquer votre propre arbre à chat, à l'aide de planches en bois et de chutes de moquette, conçu sur mesure pour votre habitation. La solution la moins encombrante consiste à accrocher au mur un griffoir recouvert de sisal.

▶ Un panier n'est pas indispensable, car votre chat dormira de toute façon où il veut. Toutefois, les niches douillettes sont souvent très appréciées.

▶ Un peigne à dents arrondies et une brosse en soies naturelles sont indispensables pour entretenir la fourrure des chats, à poil long notamment.

▶ L'herbe à chat aide à régurgiter les poils avalés : un chat d'intérieur doit toujours en avoir à sa disposition.

À SAVOIR
Les chatières

Pour les chats vivant en liberté, une chatière a toute son utilité. Elle permet à l'animal d'entrer et sortir de manière autonome. Les chatières électroniques fonctionnent avec un collier à infrarouge : ainsi les « visiteurs » indésirables restent à la porte ! Dans la maison, une chatière simple installée entre deux pièces dans lesquelles votre chat se trouve souvent peut vous éviter d'avoir à lui ouvrir constamment la porte.

Les achats nécessaires

Se faire un nouvel ami

Bien à l'abri dans sa cage de transport douillette, votre nouveau compagnon est en route pour sa nouvelle demeure. Veillez à ce que votre matou soit bien à l'abri des courants d'air, du froid, de la pluie ou de la chaleur, et parlez-lui calmement.

Les chats ne sentent pas à leur aise dans un environnement inconnu, et les chatons souffrent souvent de la séparation d'avec leur mère et leurs frères et sœurs. Laissez à votre chat le temps de s'habituer à son nouvel environnement. Ouvrez simplement la porte de la cage, et attendez patiemment qu'il se décide à sortir. Si votre habitation est grande, mieux vaut l'installer dans une pièce calme avec des endroits pour se cacher et se percher et facilement accessibles pour vous en cas d'urgence. Les premiers jours, installez sa caisse et nourrissez-le dans cette pièce. Bien sûr, tous les membres de la famille sont curieux, mais il est préférable de ne laisser entrer qu'une seule personne à la fois dans la « pièce du chat ».

◀ **Les premiers temps,**
① évitez les mouvements brusques et les bruits trop forts à proximité du chat. Parlez-lui calmement et amicalement, mais ne le regardez pas fixement, les regards appuyés étant perçus comme une menace. Tendez votre main vers lui, de manière qu'il puisse la flairer. Toutefois, n'essayez pas d'extraire le chat apeuré de sa cachette, de le caresser contre sa volonté ou de le prendre dans vos bras, mais attendez patiemment qu'il vienne de lui-même et établisse un contact avec vous.

◄ Les chats adoptés dans
② un refuge ont parfois besoin de
beaucoup de temps avant d'accorder leur confiance. Montrez-vous
particulièrement patients avec ces
animaux – ils vous le revaudront !
Notre chat Menelaus, qui avait été
trouvé, s'est caché pendant une
semaine et refusait de manger,
mais au bout de 10 jours il a commencé à ronronner tout en gardant
ses distances. Au bout d'un mois
il avait confiance et n'hésitait plus
à venir sur nos genoux !

► La patience paie. La plupart du temps,
les chatons acceptent rapidement leur nouveau
maître comme « mère de substitution » ; chez
les chats plus âgés, il faut un peu plus de temps. **③**
Lorsque le chat commence à vous faire confiance,
ne lui en demandez pas trop. Laissez-le venir
quand il en a envie et cessez les jeux et les caresses
dès qu'il en a assez. Toutefois, posez les interdits
dès le départ, comme faire ses griffes sur
les meubles ou mordre.

④ ▲ Une friandise ou un objet en
mouvement (lorsqu'ils sont d'humeur joueuse)
sont très tentants pour de nombreux chats :
une boule de papier attachée à une ficelle, une
canne à pêche avec des plumes ou une boule cage
que l'on laisse rouler sur le sol, conviennent
parfaitement.

Créer des liens

Comprendre son chat

Les chats émettent des sons très variés, mais ils expriment également leur humeur et leurs besoins par des mimiques et un langage corporel varié. Si vous passez beaucoup de temps à vous occuper de votre matou, son comportement n'aura bientôt plus de secrets pour vous.

En miaulant, ces chatons réclament de l'attention.

Le langage sonore

Le répertoire sonore étendu du chat plonge ses racines dans le langage employé par le chaton pour communiquer avec sa mère. Une fois adulte, il conserve ce langage et l'enrichit avec les « expressions » des chats adultes.

▶ **Le miaulement** d'un chat peut avoir diverses significations : il peut exprimer sa faim, demander de l'attention, demander qu'on lui ouvre la porte. Il peut également exprimer un doux appel ou un salut. Vous apprendrez à reconnaître toutes ces nuances en observant bien votre chat.

▶ **Lors des combats de chats** (pour leur territoire notamment), on peut entendre des grondements menaçants, des glapissements et des cris allant crescendo ou decrescendo.

▶ **Les feulements,** les crachements et les grondements signifient que le chat a peur, mais est prêt à se défendre. Il pousse parfois un hurlement guttural.

Les jeunes chatons qui se sentent abandonnés ou menacés poussent souvent des cris plaintifs. Si la mère est dans les parages, elle se précipite à leur secours.

▶ **Les chats adultes** poussent des cris similaires lorsqu'ils ont très mal.

▶ **À la fin de l'accouplement,** la chatte pousse un cri de douleur perçant.

▶ **Le ronronnement** traduit une humeur amicale. Lorsque le chat se sent particulièrement bien, il reproduit le comportement des chatons pendant la tétée : il sort et rentre les griffes de ses pattes antérieures alternativement. C'est ainsi que les chatons tétant leur mère stimulent la sécrétion de lait. Le ronronnement peut également traduire une demande de bienveillance, lorsque le chat est blessé et qu'il a besoin de l'aide de l'homme.

▶ **Le chat peut claquer des dents,** quand il fait face à un dilemme. C'est souvent le cas lorsqu'il guette une proie particulièrement intéressante (un oiseau par exemple) qui est proche mais toutefois hors de portée. Il donne alors la morsure fatale, mais dans le vide !

Les oreilles dressées et l'extrémité de la queue qui tressaille sont synonymes d'attention soutenue de la part du chat.

Le langage corporel

▸ **Les mouvements de queue**
Un chat amical salue son maître en dressant sa queue. Le tressaillement de l'extrémité de la queue montre que le chat est très attentif, des mouvements violents traduisent l'agitation (conflit entre deux impulsions contradictoires) ou l'agressivité. Une queue hérissée est synonyme de très grande crainte.

▸ **L'attitude corporelle :** si le chat fait de lentes allées et venues dressé sur ses pattes, c'est qu'il cherche à impressionner un rival ; en hérissant les poils de son dos, il cherche à paraître plus imposant. Il fixe son opposant d'un air menaçant. Une patte levée signifie qu'il est prêt à se défendre. Lorsqu'il fait le gros dos (pattes tendues, dos courbé, poil hérissé), il présente son profil à son adversaire. Cette attitude est un mélange d'agressivité et de crainte. Si la crainte prédomine, le chat se tapit au sol, les oreilles et la queue plaquées. Lorsqu'ils dorment, la plupart des chats se roulent en boule. D'autres préfèrent se mettre sur le côté ou sur le dos, les pattes avant recourbées.

À SAVOIR
Des oreilles très expressives

Chez un chat détendu, les oreilles sont dirigées vers l'avant et tournées légèrement vers l'extérieur.
Si un bruit attire l'attention du chat, les oreilles s'orientent directement vers l'avant.
Dans les situations de conflit, le chat bouge nerveusement les oreilles.
Un chat sur la défensive aplatit ses oreilles à l'arrière de la tête.
Un chat d'humeur agressive tourne ses oreilles sur le côté. L'arrière des oreilles devient visible.

Communiquer

Le bon comportement

Nos matous ont une idée précise de ce qui leur plaît ou pas. Vous devez prendre leurs besoins en considérations, mais aussi parfois fixer des limites.

Respecter ses envies

Les chats montrent leur attachement de différentes manières : ils se frottent contre les jambes, donnent des petits coups de tête, s'installent sur les genoux en ronronnant ou ne lâchent pas leur maître d'une semelle. La plupart des matous aiment être caressés – uniquement lorsqu'ils en ont envie, bien évidemment. Dans les relations avec votre chat, vous devez prendre en compte son humeur du moment et le type de marques d'affection qu'il préfère ! S'il se sent négligé, il va attirer votre attention en miaulant. Contrairement à une idée reçue, les chats ne sont pas seulement attachés à leur maison. Ils font parfaitement la différence entre les amis et des inconnus et reconnaissent des bons amis même après des années. Ils ont souvent une préférence pour l'un des membres de la famille (pas forcément « l'ouvre-boîtes » d'ailleurs !). On ne peut obtenir par la force l'amour d'un chat ; la meilleure façon de le conquérir consiste à beaucoup s'occuper de lui et à accepter ses particularités.

Le prendre correctement dans les bras

Pour prendre votre chat dans les bras, saisissez-le avec les deux mains juste derrière les pattes avant et soulevez-le. Si l'animal n'a pas envie que vous le souleviez, il va tenter de s'agripper au sol. Vous l'attraperez donc plus facilement si le sol est lisse !

▶ **Lorsque vous portez votre chat**, soutenez ses pattes arrière avec une main et maintenez l'animal de l'autre. Tenez-le légèrement serré contre votre poitrine. De nombreux chats aiment être tenus dans les bras ; notre Binnaburra se tournait sur le dos et laissait sa tête tomber en arrière pour se faire gratter le ventre.

▶ **D'autres chats n'apprécient pas d'être portés** et se débattent pour se libérer. Ils sortent d'ailleurs souvent les griffes. Reposez l'animal dès qu'il commence à s'agiter pour éviter toute blessure.

La toilette

C'est surtout la mère qui apprend à ses chatons à utiliser le bac à litière (voir page 54).

Présentez le bac à litière à votre chat. Placez le chaton à l'intérieur lorsqu'il commence à s'agiter et effectuez éventuellement des mouvements de grattage avec ses pattes dans la litière.

Vous ne devez en aucun cas punir un chat qui a fait ses besoins en dehors de la litière. Nettoyez soigneusement.

À SAVOIR
Appeler son chat

De nombreux chats apprennent à répondre à l'appel de leur maître. Cela peut être très utile si le chat est habitué à sortir.
Ils répondent d'autant plus volontiers à votre appel qu'il y a de la nourriture à la clé.
Les friandises peuvent s'avérer particulièrement utiles lors des exercices. Il peut s'agir de friandises achetées en animalerie ou d'un petit morceau de blanc de poulet cuit.

Peut-on dresser un chat ?

Le succès des tentatives de dressage dépend du caractère de l'animal et de la patience de son propriétaire.
▸ **Les chats sont entêtés** et pas toujours prêts à se soumettre aux hommes, mais la plupart du temps, le maître et son chat parviennent à un compromis.
▸ **Une règle fondamentale : être cohérent !** Si vous ne voulez pas que vos meubles soient griffés, chassez systématiquement le chat ou placez-le devant son arbre à chat dès qu'il commence à faire ses griffes sur le

Les jeux sont admis mais il est interdit de mordre les doigts !

canapé. La plupart des chats comprendront rapidement ce que vous attendez d'eux et respecteront les règles établies... Tant que vous les ferez respecter !
▸ **Ne frappez jamais votre chat** lorsqu'il fait une bêtise, il pourrait prendre peur de votre main. Mieux vaut l'effrayer en criant ou en l'aspergeant d'eau avec un

vaporisateur. La plupart des chats finissent par comprendre la signification d'un « non » ferme. Occupez-vous beaucoup de votre matou car les chats qui s'ennuient ont tendance à faire des bêtises ! N'admettez pas les comportements qui pourraient s'avérer gênants plus tard.

Comportement

Amitiés félines

Les chats ne mènent pas une vie si solitaire qu'on le dit. De nombreux matous nouent des amitiés très fortes avec leurs congénères, voire avec des chiens, dorment et font les quatre cents coups avec eux. Peu de chats préfèrent rester seuls et ont véritablement mauvais caractère.

Un chat et un chien peuvent devenir d'excellents amis.

Habituer deux chats l'un à l'autre

Lorsque deux chats doivent cohabiter, l'idéal est de les adopter en même temps. La meilleure solution consiste à adopter deux chats déjà habitués l'un à l'autre.

▸ **Deux jeunes chats** qui ne se connaissent pas et adoptés à court intervalle s'acceptent rapidement la plupart du temps et s'entendent durablement.

▸ **Faire cohabiter deux ou plusieurs chats plus âgés** peut être plus délicat, mais avec de la patience, c'est dans la plupart des cas possible.

▸ **Un chat adulte** qui n'a jamais été habitué à partager « sa » maison avec un congénère se montrera souvent peu accueillant envers un chat introduit sur son territoire. De nombreux chats adultes ont même peur des chatons ! Vous pouvez gâcher les vieux jours de votre chat en lui imposant son « successeur ».

▸ **Le premier chat** a l'avantage de jouer sur son propre terrain et dominera le nouveau venu si celui-ci n'est pas plus gros, plus fort ou plus sûr de lui.

▸ **Le nouveau chat** doit avoir la possibilité de s'acclimater seul dans une pièce avant d'être mis en présence du second animal.

▸ **N'intervenez pas** lors de la première rencontre. Tant que les animaux ont la possibilité de fuir ou se cacher, aucune blessure grave n'est à craindre.

▸ **Si vous devez intervenir,** demandez à quelqu'un de vous assister et prévoyez deux paires de gants en cuir.

▸ **Ne délaissez pas votre premier chat** (il deviendrait jaloux !), mais partagez les caresses entre les deux.

▸ **Il arrive que deux chats ne s'entendent jamais.** Si votre habitation est petite et que les deux chats ne peuvent faire autrement que de se croiser, ce qui conduit inévitablement à des bagarres, il est préférable de chercher un nouveau foyer pour le nouveau chat.

Les autres animaux

Il est possible d'habituer un chat et un chien l'un à l'autre. Ils deviennent même souvent bons amis lorsqu'ils grandissent ensemble. Si le

Des chats amis ne se sentent jamais seuls et dorment volontiers ensemble.

chien arrive plus tard, vous ne devez donner aucune raison au chat de se sentir négligé : il pourrait devenir jaloux !

▸ Veillez à ce que le chien n'importune pas le chat, qu'il respecte ses endroits favoris et ne se montre pas trop fougueux. La plupart des chats vont faire face à un chien qui s'approche lentement vers eux et prendre une posture menaçante. Si le chien les flaire, ils vont passer à l'attaque toutes griffes dehors et le chien risque de se retrouver avec la truffe griffée. Allez chercher le chien avant que cela ne se produise, et isolez-le par mesure de sécurité.

À SAVOIR

Les proies

Le chat peut attaquer les petits rongeurs, les oiseaux et les lapins laissés en liberté.
Il est donc recommandé d'installer les petits mammifères dans une cage résistant aux assauts du chat.
Mieux vaut laisser vagabonder les petits animaux en l'absence du chat.
Les aquariums doivent être munis d'un couvercle solide, sinon votre chat risque d'aller à la pêche ou de prendre un bain !

Amitiés

Le laisser partir à l'aventure ?

Le vagabondage fait partie intégrante du mode de vie du chat et est certainement moins monotone que de passer toute la journée à la maison.

Les avantages et les inconvénients

Les chats en liberté utilisent moins le bac à litière et peuvent faire leurs griffes sur les arbres. Ils épargnent ainsi du travail à leur propriétaire et lui évitent l'achat d'un griffoir. Mais ils mènent sans aucun doute une vie plus risquée que les chats d'intérieur et vivent généralement moins vieux — toutefois, les plus prudents peuvent tout de même atteindre un âge avancé.

▸ **Les cadeaux.** Si votre chat est un bon chasseur de souris, il peut arriver qu'il vous tire du lit pendant la nuit par quelques miaulements caractéristiques (correspondant aux miaulements de la chatte qui appelle ses petits) et vous offre une souris. Ce n'est pas seulement un cadeau : votre chat veut également tenter de vous apprendre à chasser les souris par la même occasion !

▸ **Un cas de conscience.** C'est à chaque propriétaire de prendre la décision d'offrir à son chat une vie en liberté. Il vaut mieux ne laisser le chat sortir que lorsque l'on dispose d'un jardin clôturé et qu'il n'y a pas trop de circulation dans la rue. Votre chat doit également se sentir chez lui à la maison et s'habituer à vous. Avant de lui ouvrir la porte du jardin, il doit d'abord passer quelques semaines à l'intérieur — sinon il pourrait s'enfuir n'importe où.

Si votre chat s'enfuit

Quiconque laisse sortir son chat doit s'attendre tôt ou tard à ce qu'il ne rentre pas à l'heure prévue. Dans les cas les moins graves, il s'est trouvé une « maison temporaire » dans laquelle il a passé un peu de temps de manière exceptionnelle. Mais il peut très bien avoir eu un accident ou avoir été enfermé quelque part par inadvertance. Il ne faut alors pas repousser trop longtemps les recherches. Si votre chat d'intérieur se sauve, vous devez commencer immédiatement les recherches car il ne saura généralement pas faire face aux dangers de l'extérieur.

▸ **Identifiez votre chat** à l'aide d'un collier élastique portant une médaille ou un tube avec votre adresse. Le tatouage dans l'oreille ou la puce électronique injectée sous la peau sont des solutions plus sûres. Les coordonnées du propriétaire

---

Attention danger !

Les chats en liberté doivent faire face aux dangers suivants : les voitures, les raticides et les appâts empoisonnés, les débris de verre, les barbelés, les bagarres avec d'autres animaux (les chiens par exemple) ou l'enfermement accidentel.

Les hommes : les chasseurs (en France, il est illégal de tuer un chat), les voleurs et la fourrière.

Se promener sur le toit et apprécier la vue : pour le chat, le « danger » n'existe pas.

sont alors répertoriées au Fichier national félin (www.fnf.fr). Si le chat est retrouvé, son propriétaire peut être prévenu.

▶ **Faites d'abord des recherches** dans votre immeuble et dans les environs en appelant votre chat. Prenez de la nourriture avec vous ! Demandez à vos voisins de regarder si votre chat ne se trouve pas dans leur jardin, ou s'il n'est pas emprisonné dans leur cave ou leur garage.

▶ **Placardez des affichettes** avec une description et une photo de votre chat ainsi que votre numéro de téléphone dans des endroits straté-

À SAVOIR
En laisse

Pour la plupart des chats, la marche en laisse est un véritable supplice, mais certains parviennent à s'habituer.
Même tenu en laisse, un chat n'est pas en sécurité en dehors de son jardin.
Les chiens non tenus en laisse représentent une menace pour les chats. Lorsqu'ils sont en laisse, les chats n'ont plus la possibilité de grimper se réfugier sur un arbre.
Même dans vos bras, le chat n'est pas en sécurité et peut vous griffer violemment s'il panique.

giques (arrêts de bus, commerces). Faites passer une annonce dans le journal.

▶ **Renseignez-vous régulièrement** auprès des refuges, des vétérinaires et aux objets trouvés (police) pour savoir si quelqu'un a trouvé votre chat.

▶ **Il y a toujours de l'espoir,** même après plusieurs semaines votre chat peut revenir en parfaite santé !

En liberté

Les chats et le jeu

Le jeu revêt une importance particulière pour les chats. Les chatons ou les chats qui n'ont pas de compagnon de jeu ont besoin de s'amuser avec leur maître.

L'importance du jeu

En jouant avec leurs frères et sœurs, les chatons apprennent des mouvements indispensables à la chasse : guetter, s'approcher à pas feutrés, bondir et frapper avec les pattes. Deux chats vivant ensemble jouent souvent l'un avec l'autre : ils essaient de s'attraper la queue, se poursuivent à travers la maison et font semblant de se battre. Si les chatons s'entendent bien, vous n'avez pas de souci à vous faire (les blessures graves sont rares). Un chat seul n'a pas cette possibilité ; au mieux, il va courir après sa propre queue. C'est donc à vous de le divertir. Des jeux fréquents maintiennent votre chat en forme et lui évitent l'ennui. D'ailleurs, les chats qui ont la chance d'avoir un compagnon apprécient tout de même un programme riche en rebondissements !

Des jouets amusants

Vous trouverez en animalerie des jouets divers et variés : souris en peluche ou en caoutchouc, balles, etc. Avec un peu d'imagination, vous pouvez fabriquer vous-même des jouets divertissants avec un minimum de matériel. Veillez toutefois à ce que le chat ne puisse l'avaler ou se blesser en jouant.

▶ **Un long brin d'herbe** est une « proie » parfaite si vous le faites glisser sur le sol devant votre chat. Agitez-le dans l'air, incitez le chat à sauter, comme il le fait dans la nature lorsqu'il tente d'attraper un oiseau

Un jouet high-tech : *de nombreux matous s'amusent pendant des heures avec la balle « emprisonnée ».*

Un jouet formidable, qui permet de se faire les griffes en même temps.

qui s'envole. Une vieille cravache fera également un jouet parfait (mais le chat en mordillera l'extrémité !).

▸ **Une boule de papier froissé** divertira votre chat pendant des heures. Le bruit du papier froissé attire rapidement son attention. On peut jeter le papier vers lui, le cacher dans une boîte ou le tirer sur le sol avec une ficelle.

▸ **Une balle de ping-pong** jetée en l'air ou roulant sur le sol amuse beaucoup le matou. Il continue souvent à jouer seul avec la balle, jusqu'à ce qu'elle roule à un endroit auquel il n'a pas accès, sous un meuble par exemple.

▸ **La classique pelote de laine** est dangereuse pour les chats car ils peuvent s'empêtrer dans les fils et se couper la circulation sanguine d'une patte ou s'étrangler. Les fibres de laine restent accrochées à leur langue râpeuse et peuvent être avalées.

Jouer

Les jeux d'intérieur

L'arbre à chat
est un véritable terrain
de jeu et permet
d'épargner les meubles.

Les chats passent une grande partie de leur journée à dormir ou à se reposer, mais lorsqu'ils sont éveillés, ils ont besoin de se dépenser. Malgré tout, ils peuvent parfaitement vivre dans un petit logement. En effet les chats ne sont pas cloués au sol, ils aiment également visiter les hauteurs de notre habitation.

À la maison

Le chat ne prend pas beaucoup de place : il a simplement besoin d'un coin pour sa litière dans une pièce bien ventilée dont le sol est facile d'entretien, comme les toilettes par ex., et d'un emplacement pour sa gamelle. Il ne dort pas souvent au même endroit ; il a une préférence pour les meubles capitonnés, les vêtements qui traînent, les radiateurs, les boîtes, les sacs, mais parfois également les paniers à chat ! Si vous aimez écouter de la musique fort ou faire la fête, il est préférable que votre chat dispose d'une pièce calme, où se retirer.
▸ **Nos matous** s'intègrent plutôt bien dans notre espace de vie, mais il faut toutefois s'attendre à ce qu'ils causent quelques dégâts de temps à autre. Il peut arriver qu'un chat vomisse sur le tapis ou fasse ses besoins à côté de sa caisse et que, malgré les soins apportés à sa fourrure, ses poils se déposent sur les meubles capitonnés. Si cela vous gêne, essayez de tenir le chat à distance (page 33) ou mettez un drap sur vos meubles. Mettez les objets fragiles en sécurité dans une vitrine, car le chat pourrait les casser en jouant.

Son terrain de jeu

Les arbres à chat composés de branches naturelles, que l'on peut fabriquer soi-même, offrent au chat la possibilité de grimper.
▸ **Les boîtes en carton** et autres « abris » sont très appréciés de nos matous pour piquer un petit somme. Au quotidien, privilégiez la diversité en ne jetant pas vos cartons mais en les installant pour un temps dans un coin calme de la maison.
▸ **Une étagère vide** peut également devenir le lieu de repos favori de votre matou pour quelque temps.

Les jouets pour enfants sont très intrigants, mais ils doivent être « adaptés » au chat.

Les jeux avec la nourriture

Les chats sauvages doivent « gagner » eux-mêmes leur nourriture : ils parcourent leur territoire, guettent leurs proies, bondissent... mais ne parviennent pas toujours à leurs fins. Faites connaître à votre matou le plaisir de la chasse, afin que sa vie soit bien remplie.

<table>
<tr><td>

À SAVOIR

Sécuriser l'environnement

Quelques mesures simples permettent d'écarter le danger :
- **Tenez hors de portée** du chat les éléments dangereux, comme les plaques brûlantes, les couteaux, les aiguilles et les plantes toxiques.
- **Procédez de même** avec les élastiques, les sacs en plastique, les produits nettoyants et autres produits chimiques.
- **Sécurisez** les fenêtres (même basculantes) et les balcons afin que le chat ne puisse pas se faire pincer, sortir ou tomber.

</td></tr>
</table>

▶ **Les balles à friandises** se trouvent en animalerie. On introduit des croquettes à l'intérieur par un trou. Lorsque la balle roule, les croquettes sortent.

▶ **Découpez des trous** dans des petits cartons et introduisez-y des croquettes. Le chat devra les attraper en glissant sa patte à l'intérieur.

▶ **Cachez des croquettes** sous une boîte à chaussure : le chat s'entraînera à les trouver et à les récupérer.

▶ **Jetez des croquettes** à votre chat ; lorsqu'il a faim, il les attrape au vol.

Jeux d'intérieur

Au menu

Les chats sont des carnivores, comme on peut le voir à leur mâchoire. Leurs proies naturelles sont les souris et autres petits rongeurs, qu'ils dévorent avec la peau et les poils, mais également les os et une partie de l'estomac et des intestins. Ces proies apportent au chat tout ce dont il a besoin : des protéines essentielles, et dans une moindre mesure des lipides et des glucides sources d'énergie, ainsi que des vitamines et des minéraux. Enfin, les chats mangent également un peu de verdure.

Une bonne alimentation

L'alimentation d'un chat d'intérieur doit contenir tous les nutriments essentiels en proportions équilibrées.

▶ **Les aliments pour chat de qualité supérieure** (boîtes ou croquettes) offrent à votre animal une alimentation équilibrée et sont très pratiques. Le grand choix disponible permet de varier les menus. De nombreuses sociétés proposent des aliments spécial « seniors » ou chatons.

▶ **Les repas faits maison** doivent se composer aux trois-quarts de différents types de viande maigre ; la cuisson permet d'éviter la transmission de maladies ou de parasites. Pour changer, vous pouvez également proposer du poisson après en avoir préalablement ôté les arêtes. Ne donnez pas trop souvent des abats, car en trop grande quantité, la vitamine A contenue dans le foie peut entraîner des troubles articulaires.

▶ **Les flocons d'avoine, le riz ou les pommes de terre** cuits, riches en glucides, constituent des compléments alimentaires adaptés. Les fruits râpés ou les légumes cuits, comme les carottes, apportent des vitamines et des fibres.

Les bases de l'alimentation

Un changement d'alimentation, par exemple une transition des boîtes à des repas faits maison, doit être instauré progressivement, sur quelques jours. Augmentez un peu chaque jour les proportions du nouvel aliment.

Évitez dès le départ de lui donner toujours la même nourriture. Lorsqu'un chat prend l'habitude de manger un seul type d'aliment, il risque de refuser tout autre aliment au bout d'un certain temps : c'est à ce moment-là que les risques de carence apparaissent.

Ne donnez pas des aliments sortant directement du réfrigérateur. Attendez qu'ils se réchauffent un peu.

À l'âge de 8 semaines, un chat prend 6 repas par jour. Supprimez un repas par mois, pour qu'à l'âge de 6 mois, il ne prenne plus que 2 repas.

Les aliments sucrés, gras, très épicés ou salés ne lui conviennent pas. Les chats n'ont pas besoin de nutriments dans les mêmes proportions que nous !

Le chat doit toujours avoir de l'eau fraîche à disposition dans une écuelle propre.

L'alimentation naturelle du chat répond exactement à ses besoins. Il doit être nourri avec des aliments de première qualité en fonction de son âge et de ses besoins.

Occasionnellement, vous pouvez proposer du fromage blanc ou un œuf cuit.

Comment servir les repas ?

La quantité de nourriture dont votre chat a besoin varie selon son âge, sa taille et sa vivacité. Les chats en période de croissance, les chattes gravides ou allaitantes ont des besoins accrus. Fiez-vous à l'appétit de votre compagnon ! Limitez les quantités si votre chat grossit à vue d'œil.
▸ Les chats aiment la routine : nourrissez votre compagnon toujours à la même heure et au même endroit, qui doit être calme et à distance de la litière. Chaque chat doit avoir sa propre gamelle, qui sera nettoyée après chaque repas.
▸ Les os à ronger permettent d'éviter la formation de tartre. Ne donnez toutefois pas d'os de volaille à votre chat, car ils se brisent facilement et peuvent causer de graves lésions dans sa gueule ou son appareil digestif. Les croquettes nettoient également les dents par leur action mécanique et préviennent les problèmes dentaires.

À SAVOIR
➜ **Le lait**

On représente souvent les chats en train de laper une petite écuelle de lait. Pourtant, le lait ne leur convient pas du tout !
Seul un petit nombre de chats peut digérer le lactose contenu dans le lait. Sinon, le lactose est à l'origine de problèmes digestifs.
Le lait doit être proposé coupé avec beaucoup d'eau, l'eau étant ce qu'il y a de mieux pour étancher la soif.
Les animaleries proposent un lait spécial pour les chats, pauvre en lactose.

Menus

Le soigner avec amour

La toilette

Les chats sont des animaux très propres qui consacrent chaque jour beaucoup de temps à leur toilette. Ils préservent ainsi la souplesse de leur poil et son effet isolant. Seuls les chats à poil long ont besoin de l'aide de leur maître pour garder une belle fourrure. Leur maître a également pour mission de garder leur litière propre.

Le nettoyage de la litière

Chaque chat doit avoir son propre bac à litière, qui doit être nettoyé au moins une fois par jour. Si vous une utilisez une litière agglomérante, il suffit de retirer les crottes et les boules formées par l'urine. Le bac doit être entièrement vidé une à deux fois par semaine et lavé à l'eau chaude. Si l'un de vos chats souffre d'une maladie digestive, le bac à litière doit être désinfecté.

L'entretien du poil

Les chats perdent leurs poils au moins deux fois par an, au printemps et à l'automne. Chez les animaux vivant en appartement, cette mue peut traîner en longueur, la différence entre les saisons étant moins marquée. Pour que votre matou n'avale pas trop de poils, vous devez le brosser régulièrement pendant cette période.

▸ **Chez les chats à poil long,** le brossage est nécessaire toute l'année, sinon les poils s'emmêlent. Démêlez-les très soigneusement. Veillez à ne pas en arracher, sinon le brossage risque de virer au combat avec votre chat. Le mieux est de couper les nœuds avec des ciseaux ronds.

▸ **Les chats agités** doivent être maintenus doucement mais fermement par une seconde personne, afin d'éviter les blessures.

▸ **Les bains** doivent rester exceptionnels, lorsque la fourrure est vraiment très sale. Utilisez de l'eau tiède et un shampooing pour chat ou pour bébé. Après le bain, essuyez le chat avec une serviette et maintenez-le dans une pièce chauffée, à l'abri des courants d'air, jusqu'à ce qu'il soit complètement sec.

▸ **À l'occasion,** il peut être nécessaire de lui nettoyer les oreilles avec un morceau de coton imbibé d'huile. N'utilisez surtout pas de coton-tige. Les chats vivant ensemble se nettoient souvent mutuellement les oreilles et épargnent donc cette tâche à leur maître.

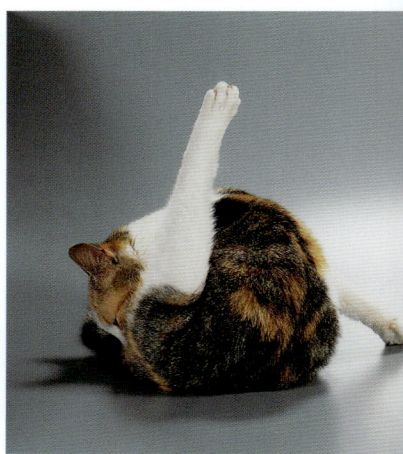

Les acrobaties sont de mise pendant la toilette.

Les vacances

Pour vos courtes absences, un distributeur programmable peut nourrir votre chat à heures fixes.

▶ Voyager avec un chat

La plupart des chats ne se sentent pas très à l'aise dans un environnement inconnu. Pendant les longs voyages en voiture ou en train, les animaux souffrent d'être enfermés dans une cage ou ne supportent pas le bruit. Souvent, ils n'ont pas la possibilité de manger, de boire ou de faire leurs besoins. Toutefois, il ne serait pas prudent de les laisser sortir de leur cage. Vous pouvez emmener votre chat uniquement si vous vous rendez régulièrement en vacances au même endroit (par ex. dans votre résidence secondaire), ou si l'animal est très attaché à vous et supporte mal la séparation. Renseignez-vous également à l'avance pour savoir si les chats sont acceptés sur votre lieu de vacances et si les fenêtres sont grillagées : si votre chat s'enfuit dans un endroit qui lui est inconnu, vous risquez de ne jamais le retrouver. Si vous devez prendre l'avion, demandez si les

Sa langue râpeuse nettoie la fourrure, et le léchage apaise le chat.

animaux sont autorisés à voyager en cabine dans une cage de transport.

▶ Faire garder votre chat

Le mieux est de demander à un voisin ou à un ami s'il peut venir s'occuper de votre chat, le nourrir, nettoyer sa litière, jouer avec lui. Il existe peut-être dans votre ville une association spécialisée dans la garde d'animaux.

▶ Autres solutions. Vous pouvez confier votre chat à des amis. La pension, même la plus luxueuse, doit rester le dernier recours.

Toilette de chat

Prévenir les maladies

Bien que les chats vivant en liberté soient plus souvent au contact de microbes, les chats d'intérieur doivent également être examinés de près une fois par semaine, afin de détecter rapidement d'éventuelles maladies et d'éviter le pire.

Examiner son chat

Un chat en bonne santé a les yeux vifs, un nez humide qui ne coule pas, une fourrure épaisse et brillante et des dents propres. Ses crottes sont fermes et sombres, son urine jaune et claire. Il est vif et a bon appétit. Chez un chat en bonne santé, les constantes vitales sont les suivantes :

▶ Température : 38,8 à 39,0 °C (voie rectale)
▶ Fréquence respiratoire : 20 à 30 par minute
▶ Pouls : 100 à 240 par minute.

Les parasites

Des plaques de peau nue dans la fourrure peuvent révéler des carences alimentaires ou la présence de parasites ; dans ce dernier cas, vous remarquerez que votre chat se gratte plus souvent que d'habitude.

▶ Un collier anti-puces fourni par le vétérinaire protège le chat contre tout type de parasites. Il doit toutefois être pourvu d'un point de rupture ou d'une partie élastique pour que le chat puisse facilement se libérer en cas de problème, s'il se retrouve pendu à une branche par exemple. Les colliers anti-puces sont inadaptés si l'on possède plusieurs chats qui se toilettent mutuellement, ou lorsque le chat est allergique (rougeur de la peau). Autres solutions, la poudre anti-puces ou les bains. Les puces sont toutefois résistantes à la plupart des colliers et produits anti-puces.

▶ À titre préventif, il convient d'utiliser une préparation vétérinaire appliquée sur la nuque. En cas d'infestation, vous devez également traiter l'environnement du chat car les larves et les œufs de puces survivent pendant plusieurs mois dans les

Les vaccins sauvent des vies

Après la première vaccination, un rappel doit être effectué tous les ans. Primo-vaccination : 8-9 semaines pour le coryza, le typhus et la leucose, et 12 semaines pour la rage.

Le coryza est une infection des voies respiratoires accompagnée de fièvre, qui laisse souvent des séquelles.

Le typhus est une infection virale mortelle la plupart du temps, qui affecte notamment le système digestif.

La leucose féline (FeLV) est une maladie virale incurable. Un test sanguin permet de révéler si votre chat est porteur du virus. Vous ne devez jamais mettre un chat sain non vacciné en présence d'un chat porteur.

La rage est également mortelle pour l'homme. Elle se transmet la plupart du temps par la morsure d'un animal infecté.

Des démangeaisons peuvent révéler la présence de parasites.

rainures du parquet ou sous les tapis.

▶ **La gale** provoque un écoulement cireux et des démangeaisons dans les oreilles. On peut apercevoir les acariens à l'origine de cette parasitose en braquant une lampe de poche dans l'oreille : on observe alors de minuscules petits points noirs qui se déplacent sous la peau. En cas de doute, consultez votre vétérinaire.

▶ **Les tiques** sont un véritable fléau pour les chats vivant en liberté. Le mieux est de les retirer à l'aide d'une pince à tiques, en veillant à ne pas écraser l'insecte. Le chat doit être maintenu par une seconde personne.

▶ **Les ascarides** sont les parasites intestinaux les plus courants chez le chat qui a l'habitude de sortir et de manger des souris. Il convient de vermifuger votre compagnon tous les 3 à 6 mois avec une préparation vétérinaire.

▶ **Les mycoses** sont transmissibles à l'homme. Elles entraînent la formation de petites plaques rondes de peau nue et causent des démangeaisons. Un traitement vétérinaire permet d'en venir à bout.

Prévention

Les maladies

L'état du chat doit vous alarmer lorsqu'il se montre apathique, n'a pas d'appétit, ne boit pas ou qu'il n'arrive pas à uriner. N'essayez pas de traiter vous-même l'animal malade, mais emmenez-le le plus rapidement possible chez un vétérinaire.

Le panier d'osier est plus adapté pour les siestes à la maison que pour le transport chez le vétérinaire.

Surveiller les symptômes

Voici les problèmes que votre chat peut rencontrer :

▶ **Yeux.** Si les yeux sont ternes, larmoyants ou purulents, il faut rechercher une blessure, un corps étranger ou une infection. Lorsque la membrane nictitante (troisième paupière) recouvre partiellement l'œil, ce peut être le signe d'une maladie ou d'un sentiment de mal-être.

▶ **Oreilles.** Un écoulement brunâtre associé à des démangeaisons peut être révélateur d'une gale ou d'une infection (bactérienne ou fongique). Un écoulement malodorant et une perte d'odorat sont les symptômes d'une infection de l'oreille. Si le chat garde la tête penchée et la secoue souvent, c'est peut-être le signe qu'un corps étranger est coincé dans son conduit auditif. Dans ce cas, seul le vétérinaire peut intervenir !

▶ **Nez.** Un écoulement nasal ou des éternuements fréquents peuvent révéler diverses infections.

▶ **Gueule.** Une mauvaise haleine est souvent le signe de problèmes dentaires. Le chat a du mal à mâcher ou mange d'un seul côté. Le vétérinaire peut traiter les dents atteintes sous anesthésie et procéder à un détartrage. Les maladies des gencives sont souvent la conséquence d'infections virales !

▶ **Voies respiratoires.** Si le chat tousse en tendant le cou, c'est souvent pour expulser une boule de poils. Si cette toux s'accompagne d'une

Le vétérinaire examine le chat avant de décider d'un traitement.

salivation importante, c'est peut-être qu'un corps étranger est coincé au travers de sa gorge. Une respiration haletante peut révéler une excitation, mais également une maladie des voies respiratoires telle qu'une bronchite, un asthme ou une inflammation pulmonaire accompagnée de fièvre.

Trouver la cause

Les symptômes ne sont pas toujours la conséquence d'une maladie.

▶ Vomissements. Ils peuvent avoir plusieurs causes anodines : le chat a trop mangé, ou expulse une boule de poils. Toutefois, des vomissements récurrents peuvent révéler une intoxication ou une maladie infectieuse.

▶ Diarrhée. Elle peut être causée par une mauvaise alimentation (par ex. du lait). Une diarrhée qui persiste malgré une journée de jeûne suivie d'un régime adapté, ou la présence de sang dans les excréments peuvent révéler une infestation par des vers ou une infection.

▶ Boitement. Des mouvements inhabituels tels qu'un boitement peuvent être causés par une blessure à une patte. Examinez les pattes du chat, il a peut-être marché sur une épine ou un tesson de verre.

▶ Ganglions. Palpez votre chat à la recherche de grosseurs ou de ganglions. Parfois, ils peuvent être un effet secondaire anodin d'une vaccination. Par bonheur, le chat souffre rarement de tumeurs, qui peuvent être retirées facilement à un stade précoce. Si votre chat présente une grosseur, il peut également s'agir d'un abcès. Des petites blessures à des endroits difficilement accessibles pour le chat peuvent s'infecter et se remplir de pus, notamment chez les chats qui sortent et se battent souvent.

Maladies

Ce que vous pouvez faire

N'essayez jamais de soigner un chat malade, encore moins de lui donner des médicaments à usage humain, mais emmenez-le sans tarder chez le vétérinaire.

Premiers secours

Vous devez toutefois connaître les gestes à accomplir en cas d'urgence, en attendant que votre chat voie le vétérinaire. Il existe également quelques astuces pour favoriser la guérison de votre animal. Votre vétérinaire saura vous conseiller. N'oubliez pas : les chats malades ont besoin de beaucoup d'amour, de chaleur et d'attention !

▶ **Blessures et fractures**
Les petites blessures, que les chats peuvent se faire en se battant par exemple, guérissent le plus souvent d'elles-mêmes. En cas de saignement important, il peut être nécessaire de poser un bandage compressif. Tous les chocs (qui se caractérisent notamment par une pâleur des muqueuses), les blessures importantes et les fractures doivent être traités par un vétérinaire ! Vous devez maintenir l'animal au calme pendant tout le transport, l'encourager et le tenir au chaud. N'oubliez pas que dans la panique, un chat blessé peut mordre même une personne de confiance.

▶ **Coups de froid.** Maintenez le chat malade au chaud et à l'abri des courants d'air. En cas de difficultés respiratoires (nez bouché, etc.) et de sinusite, faites-lui inhaler de la vapeur d'eau (les huiles essentielles ne conviennent pas aux chats !). Si vous ne savez pas comment procéder, gardez le petit patient avec vous dans la salle de bain quand vous prenez une douche, en prenant garde à ne pas le mouiller !

▶ **Diarrhée.** Ne donnez rien à manger à votre chat pendant une journée entière, en veillant toutefois à ce qu'il ait suffisamment à boire (sauf du lait !). Pour les chatons, le jeûne ne doit pas dépasser 8 à 12 heures. Si la diarrhée ne s'améliore pas, qu'elle s'aggrave ou que les selles sont mêlées de sang, consultez absolument un vétérinaire. À l'issue de la période de jeûne, donnez au chat des aliments faciles à digérer, comme du blanc de poulet cuit coupé en petits morceaux, du fromage blanc maigre ou de la faisselle mélangés avec du riz cuit. Pour soulager le système digestif, fractionnez les repas.

Donner des médicaments

Respectez les prescriptions du vétérinaire et la durée de traitement indiquée.

Vous pouvez cacher les comprimés dans une saucisse ou les dissoudre dans de l'eau et les administrer avec une seringue sans aiguille.

Demandez à quelqu'un de vous aider. Vous pouvez envelopper les chats récalcitrants dans une serviette pour éviter de vous faire griffer, et leur injecter la solution dans la gueule en introduisant la seringue sans aiguille sur le côté.

Les visites chez le vétérinaire

Préparez bien la visite chez le vétérinaire, afin de réduire au maximum le stress, pour vous comme pour l'animal.

▸ **Prenez rendez-vous** par téléphone.

▸ **Ne nourrissez pas le chat avant le transport,** afin d'éviter qu'il vomisse en cours de route.

▸ **S'il se cache** à la vue de la cage de transport, emmenez-le préalablement dans une pièce où il n'a aucune possibilité de se cacher. S'il se défend, enveloppez-le dans une serviette afin de lui enserrer les pattes.

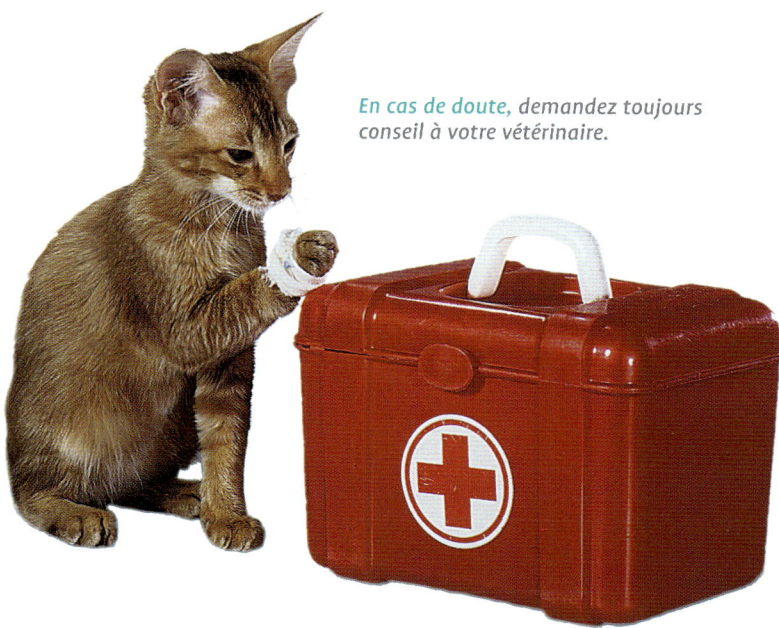

En cas de doute, demandez toujours conseil à votre vétérinaire.

▸ **Rendez-vous directement chez le vétérinaire** en veillant à ce que votre chat soit à l'abri des courants d'air, du froid, etc.

▸ **Dans la salle d'attente,** ne sortez pas votre chat de sa cage et tenez-le éloigné de ses congénères. Tournez l'ouverture de la cage vers vous et parlez-lui calmement.

Les chats âgés

À partir de l'âge de 10 ans, un chat va devenir progressivement plus calme et plus casanier. Comme pour l'homme, on constate souvent l'apparition de troubles liés à l'âge, comme une baisse de la vue et de l'audition et des problèmes articulaires. Si le chat a des problèmes dentaires, donnez-lui des aliments coupés en petits morceaux, et fractionnez les repas tout au long de la journée, car les animaux vieillissants ont souvent moins d'appétit. Tenez compte des douleurs de votre chat, et réservez-lui un environnement calme pour ses vieux jours. S'il souffre beaucoup, et que plus aucun traitement ne fait effet, vous devez envisager de le faire piquer (même si c'est dur) afin de soulager ses souffrances. Votre vétérinaire saura vous conseiller.

À SAVOIR
Amis pour la vie

Nos matous atteignent souvent un âge avancé et peuvent vivre une bonne quinzaine d'années à nos côtés.

Les chats vivent en moyenne 15 ans, mais certains peuvent atteindre l'âge de 20 ans.

Le record est détenu par un chat britannique qui a vécu 35 ans !

À faire

Les soucis du quotidien

Les véritables troubles du comportement sont rares chez les chats. Si votre minou n'est pas propre, qu'il est agressif ou qu'il abîme vos meubles, c'est peut-être parce que « son » monde ne tourne plus tout à fait rond et qu'il cherche à vous le signifier par son comportement : « au secours, je stresse ». Comme il ne peut s'exprimer avec des mots, il le traduit par des actes.

Un comportementaliste pourra vous aider en cas de gros problème.

Il fait ses griffes sur les meubles

Quand un chat fait ses griffes sur les meubles, les tapis et les rideaux, il satisfait un besoin tout à fait normal : il aiguise ses griffes et se débarrasse ainsi de la couche cornée qui les recouvre.

▶ **Mesures à prendre.** Pour éviter les griffures sur vos meubles, vous pouvez tenter de rendre l'arbre à chat attractif en le vaporisant de valériane : la plupart des chats apprécient cette odeur ! Vous pouvez également déplacer l'arbre à chat. Des mesures éducatives (page 33) devraient également vous aider à empêcher votre chat de faire ses griffes sur les meubles.

Il n'est pas propre

Si votre chat n'utilise pas systématiquement sa litière, plusieurs causes sont envisageables. C'est peut-être l'expression d'un mal-être.

Les chats sont très sensibles aux modifications de leur environnement et de leurs conditions de vie. Le fait de déplacer des meubles ou de déménager, l'arrivée d'un nouveau compagnon, d'un nouvel animal ou d'un bébé peut être un facteur déclenchant. Mais parfois, c'est le bac à litière qui est mal placé, pas assez propre, la litière qui ne convient pas au chat, ou le chat n'est pas castré et marque son territoire.

Proposez une solution de rechange à votre chat pour éviter les comportements indésirables.

▶ **Mesures à prendre.** Passez en revue et modifiez si nécessaire les conditions de vie du chat, et accordez-lui toute votre attention. Pour exclure une éventuelle maladie, emmenez-le chez le vétérinaire. Chez le chat mâle, une castration peut aider à résoudre le problème du marquage du territoire.

Il est agressif

Bien que les chats soient souvent considérés comme « lunatiques », rien n'est plus déplaisant que de se faire griffer ou mordre violemment par son matou. Le plus souvent, il cherche seulement à défendre son territoire (page 34), il a peur ou il s'ennuie.

▶ **Mesures à prendre** Déterminez quelle est la cause de cette agressivité. S'il a peur, évitez les situations stressantes et les provocations comme le fait de le regarder dans les yeux. Ne punissez pas votre chat, mais fixez-lui des limites claires.

À SAVOIR

Les chats craintifs

La confiance d'un chat craintif ne s'obtient pas par la force.
Laissez le chat se réfugier sous un meuble ou sur une armoire.
Placez sa nourriture à proximité, afin qu'il puisse se nourrir au calme.
Placez progressivement son écuelle au centre de la pièce, et rapprochez-vous toujours un peu plus.
La présence d'un autre chat confiant aide souvent à briser la glace.

Soucis et tracas

La reproduction

Il est très intéressant de voir grandir une portée
de chatons. Leur trouver un foyer est en revanche
une tout autre histoire !

Prendre ses responsabilités

Des milliers de chats
échouent chaque année
dans les refuges. Un
propriétaire de chat sensé
fait stériliser son animal,
à moins qu'il soit en mesure
de trouver un foyer aux
petits ! Les chatons de race
possédant un pedigree sont
généralement plus faciles
à caser. Toutefois, les frais
de saillie avec un étalon
reconnu par une association
d'éleveurs sont très élevés.
La chatte en chaleur est
amenée auprès de l'étalon.
Il est nécessaire qu'elle y
reste quelques jours, car elle
peut avoir été perturbée par
le transport, ou le chat peut
la repousser.

*Un chat qui a l'habitude de sortir doit absolument être castré,
ce qui ne l'empêchera pas de rester un chasseur zélé et efficace.*

La gestation

Environ 4 à 5 semaines
après l'accouplement,
le ventre de la chatte
commence à s'arrondir et
ses mamelles à grossir. La
chatte devient progressivement plus calme, elle évite
de sauter et de grimper.
Vers la fin de la 9e semaine
de gestation, elle s'alimente
davantage, et prend
plusieurs petits repas frac-
tionnés. Vous devez veiller
à ce qu'elle ait un apport
suffisant en protéines,
minéraux (calcium !)
et vitamines.

La mise bas

La chatte recherche un
endroit calme et protégé
(chaud, sec et sans courants
d'air !). Empêchez-la de
sortir pendant les quelques
jours précédant la mise bas ;
elle pourrait sinon donner
naissance à ses chatons
dans un lieu qui vous serait
inaccessible.
▶ La caisse. Mettez à sa
disposition une caisse
ou un panier rembourré.
Une épaisse couche de
papier journal recouverte

d'une serviette suffit à absorber le liquide amniotique et le sang. La plupart du temps, la naissance se déroule sans problème. Les chatons naissent à intervalles compris entre 15 minutes et plusieurs heures. Restez à proximité, mais ne dérangez pas la chatte. Si après un long travail, la mise bas ne progresse pas, la chatte a peut-être besoin de l'aide d'un vétérinaire. Posez-lui vos questions à l'avance et demandez-lui s'il sera de garde à la date prévue de la mise bas. Vous serez ainsi rassuré et il pourra vous aider en cas d'urgence.

La stérilisation

Au cours de cette opération réalisée sous anesthésie générale, le vétérinaire retire les glandes sexuelles du chat : les testicules chez le chat, les ovaires, voire une partie de l'utérus chez la chatte. La stérilisation peut également consister à ligaturer les oviductes chez la chatte et les canaux déférents chez le chat. Dans ce dernier cas, si la reproduction n'est plus possible, l'instinct sexuel demeure intact. Les femelles peuvent

En reniflant l'arrière-train de sa partenaire, le chat sait si elle est disposée à s'accoupler.

même avoir des chaleurs persistantes !

▶ Le bon moment

L'intervention peut avoir lieu dès que les glandes sexuelles sont complètement développées, soit entre 8 et 10 mois chez le chat et 8 et 12 mois chez la chatte. Par mesure de précaution, attendez les premières chaleurs. Toutefois, ne retardez pas l'opération trop longtemps : les chats qui marquent déjà leur territoire conservent parfois cette habitude malgré l'intervention. Quant aux chattes, elles peuvent être fécondées (il est toutefois possible d'opérer une chatte gravide).

À SAVOIR
➤ **La reproduction en chiffres**

Durée de la gestation : env. 9 semaines.
Nombre de portées par an : 2 à 3, généralement au printemps et à l'automne.
Nombre de petits par portée : 3 à 6 en moyenne, mais on peut également en compter 8 ou un seul.
Poids d'un chaton à la naissance : 90 à 140 g, en fonction de la race.
Ouverture des yeux : entre 7 et 12 jours.
Alimentation solide : entre la 4e et la 5e semaine.
Sevrage : après 8 à 12 semaines.

Reproduction

Des petits pleins d'entrain

Les bébés animaux sont toujours mignons et attachants et suscitent souvent des cris de ravissement ! Les chatons, avec leurs grands yeux et leurs mouvements patauds, comptent sans aucun doute parmi les grands favoris.

Les chatons nouveau-nés sont encore aveugles, leur fourrure est humide et recouverte de placenta. La mère coupe immédiatement le cordon ombilical, avant de les nettoyer. Les chatons cherchent instinctivement les mamelles et commencent à téter. La plupart du temps, la mère ne nourrit qu'une partie des nouveau-nés. Dans ce cas, mieux vaut tenir les autres éloignés.

L'éducation des chatons

Une chatte allaitante a besoin de nourriture équilibrée en grande quantité, répartie en trois ou quatre repas.

Au début, la mère reste presque constamment auprès de ses petits, elle les nourrit, les lave et les tient au chaud. La plupart des chattes n'apprécient pas qu'on touche leurs petits ou qu'on les éloigne du nid. Même la plus douce des chattes peut sortir les griffes si elle croit que ses petits sont menacés ! Si la chatte est

◄ **Les premières semaines**

① Les chatons nouveau-nés dépendent de la sollicitude de leur mère. Toutefois, leur odorat et leur toucher sont déjà parfaitement développés et les aident à trouver les mamelles et à se blottir contre leur mère et leurs frères et sœurs ; le mouvement de « pétrissage » des mamelles qu'ils effectuent avec leurs pattes avant pendant la tétée stimule la production de lait. Ils se déplacent en rampant. Pendant la 2e semaine, les petits entendent et ouvrent les yeux, toujours bleus au départ. Ils peuvent maintenant soulever la tête et faire leurs premiers pas.

② ▲ **La croissance.** Les premières dents sortent au cours de la 3e semaine et sont « testées » au cours des jeux avec les frères et sœurs. Le chaton apprend ainsi à développer ses talents de chasseur et améliore sa motricité. Il commence à poursuivre des proies potentielles, que ce soit une feuille volant dans le vent ou un papillon. La mère veille à ce que ses chatons apprennent tout ce qui leur sera utile dans la vie, par ex. à utiliser le bac à litière. Vers la 4e semaine, ils font une nouvelle expérience : ils prennent leur premier repas solide, bien qu'ils continuent à téter leur mère. Si la mère est bonne chasseuse, elle va commencer par apporter des proies mortes, puis vivantes, à ses petits pour qu'ils exercent leurs talents de chasseurs. Il est maintenant temps de leur donner des aliments spécialement conçus pour les chatons. C'est au cours de ces semaines que le chaton va se familiariser avec l'homme ; des contacts fréquents sont en effet très importants.

dérangée trop souvent, elle peut être amenée à déplacer ses petits. Pour transporter les chatons, elle les saisit délicatement par la peau du cou : ils se laissent pendre sans bouger, les pattes arrière et la queue repliés contre le corps. La morsure de la chatte, mortelle pour ses proies, est pleine d'égards et de douceur lorsqu'elle transporte ses petits.

Les chatons orphelins

Essayez de trouver une nourrice pour les chatons orphelins ou rejetés par leur mère ; les chattes allaitantes adoptent souvent sans problème des chatons qui ne sont pas les leurs. Renseignez-vous auprès des vétérinaires et des refuges ! L'élevage par l'homme doit rester exceptionnel. Il implique de grandes responsabilités et beaucoup de travail : il faut s'occuper des chatons 24 h sur 24 ! Demandez à votre vétérinaire quelles sont les mesures à prendre ; il vous fournira également de quoi les nourrir correctement.

Coin infos

L'auteur et le photographe

▶ **L'auteur** Birgit Gollman
est zoologue et enseigne
la biologie au lycée. Depuis
sa plus tendre enfance, les
chats occupent une place
importante dans sa vie.

▶ **La photographe** Regina
Kuhn est une photographe
et auteur indépendante
possédant de nombreuses
années d'expérience dans
la photographie animalière.

Crédits photographiques

**Toutes les photographies (intérieur et couverture)
sont de Regina Kuhn.**

Remerciements

▸ **L'auteur** remercie sincèrement tous les bipèdes et quadrupèdes qui ont contribué directement ou indirectement à la réalisation de cet ouvrage : ma mère, ma grand-mère et mon époux ; les vétérinaires A. et G. Schnötzlinger et K. Gassner ; G. Gassner ; Schnurrli et Zorro, les compagnons de ma jeunesse ; Bunyip, Binnaburra, You Yang et Yan Yin, qui régissent notre foyer d'une patte de fer depuis plus de 15 ans.

▸ **Trixie** La maison d'édition et la photographe remercient Waltraud et Isabell von Hauff, de Stuttgart, et leurs chats Julchen et Mischa, Carla Cronauer, de Baden-Baden, et sa chatte Paula, et tous ceux qui nous ont accordés du temps et ont mis à notre disposition leur jardin, leur intérieur et bien évidemment leurs supers matous !

L'édition originale de ce titre a été publiée en allemand sous le titre « Katzen » © 2005, Stuttgart (Hohenheim).

Traduit de l'allemand par : Caroline Lelong (Carpe Sensum)

© 2019 Les Éditions Ulmer
24, rue de Mogador
75009 Paris
Tél. : 01 48 05 03 03
Fax : 01 48 05 02 04
Internet : www.editions-ulmer.fr

Réalisation : Bénédicte Dumont
Suivi éditorial : Raphaèle Dorniol
Impression : Alcione, Trento
Printed in Italy

Dépôt légal : mars 2019

ISBN : 978-2-37922-067-8
N° d'édition : 067-01

Responsabilité

L'auteur et **l'éditeur** se sont efforcés d'apporter les informations le plus fiable possible. Des erreurs ne peuvent toutefois être totalement exclues. Aucune garantie quant à l'exactitude des informations ne peut donc être donnée. Leur responsabilité pour les dommages éventuels qui pourraient en résulter ne pourra être juridiquement invoquée.

Index

Dans la même collection,
deux livres complémentaires sur les chats

Vivre avec son chat

Un guide indispensable pour les amis des chats

- Comprendre comment les chats perçoivent le monde
- Adapter leur environnement à leurs besoins
- Aménager simplement votre habitation, votre balcon ou votre jardin
- Nombreux conseils et astuces

Par Eva-Maria Götz

ISBN : 978-2-84138-428-0

L'alimentation du chat

Tout ce qu'il faut savoir pour bien nourrir son chat

- Choisir les aliments les plus sains
- Faire plaisir à votre chat
- Mettre son chat au régime
- Des conseils et des recettes

Par Anna Laukner

ISBN : 978-2-84138-430-3

SUPER-MATOUS

Les chats sont presque toujours disposés à jouer, et seront très heureux si tu t'occupes d'eux tous les jours.

Les chats aiment explorer les trous. Avec des cartons, tu peux bricoler un parcours d'aventures pour tes petits camarades de jeu. Découpe des trous de la taille de ton chat dans les parois des cartons et dispose-les de manière qu'il puisse passer d'un trou à un autre. Ton matou s'amusera également beaucoup si tu lances une balle ou un autre jouet dans les cartons ou que tu caches une friandise au bout du parcours.